35堂花草栽培课
打造家居微花园

[英]艾玛·哈迪 著　　刘子正 译

中国画报出版社
CHINA PICTORIAL PRESS

图书在版编目（CIP）数据

35堂花草栽培课，打造家居微花园 /（英）艾玛·哈迪著；刘子正译. -- 北京：中国画报出版社，2018.6

ISBN 978-7-5146-1615-6

Ⅰ. ①3… Ⅱ. ①艾… ②刘… Ⅲ. ①观赏园艺 Ⅳ. ①S68

中国版本图书馆CIP数据核字(2018)第071114号

著作权合同登记号：图字01-2018-0212

35堂花草栽培课，打造家居微花园

[英] 艾玛·哈迪 著　　刘子正 译

出 版 人：于九涛
策划编辑：刘晓雪
责任编辑：代莹莹
装帧设计：刘 凤
责任印制：焦 洋

出版发行：中国画报出版社
地　　址：中国北京市海淀区车公庄西路33号　邮编：100048
发 行 部：010-68469781　010-68414683（传真）
总编室兼传真：010-88417359　版权部：010-88417359

开　　本：16开（889mm×1194mm）
印　　张：9
字　　数：60千字
版　　次：2018年6月第1版　2018年6月第1次印刷
印　　刷：北京龙世杰印刷有限公司
书　　号：ISBN 978-7-5146-1615-6
定　　价：68.00元

目 录

园艺初探

世间乐趣千千万，花草园艺怎可少。掘土下种、悉心栽培，操作简单，却让身心满足。静静地窝在躺椅上，看着植物生根发芽，渐渐长大，是多么惬意的享受啊！千万不要拿自家没有花园当借口就错过如此美好的事情。本书给出了35项可行方案，内容涵盖种植室内花草、创作户外花园、培育可食植株，还列举了完美契合桌面、阳台、小院等地点的各式花草。请根据喜好，开启自己的园艺之旅吧。

书中会告诉你每一项方案所需的工具与材料，还会推荐一些花草供你选择。有了这本书，就算你对园艺一无所知，也不必担心摸黑行路。紧紧跟随本书步伐，保你成为园艺大家！若是精力有余，你还可以从书中嗅到灵感，发挥创意打造专属于你的植物王国。相信你能在书中学会建立花草天地的详尽步骤以及培育植物的独门技能。

在你摩拳擦掌，跃跃欲试之前，可以先看看"选材与技巧"一章。相信看过之后，你就会明白如何挑选恰当容器、健康花草和优质土壤。书中展示的容器通常是在二手商店里买的"古董"，不得不提，笔者很喜欢这些物件上沉淀的沧桑气息，像陈旧的水桶、落漆的搪瓷、古老的瓶罐……凡此种种，都透着迷人的年代感，着实为生长于其中的花草增色不少，所以，睁大你发现美的双眼，去淘些有故事的宝贝吧。倘若你对园艺花草所知甚少，书中为你列举了一些实用的园艺工具，可不要舍不得在这上面投资，操作起来你就会知道，基本的工具在实践中是多么的便利。所以，尽量买些质量过硬的产品，好好地对待它们：用过之后仔细清洗，置于干燥处保存，只有这样，它们才会愿意陪你到天长地久。

在园艺中，多种花草随心搭配，可谓美事一桩，管它是从当地花园来的，还是网上花店买的。我就十分沉醉于创造这美丽组合的万千可能：花、果、草、木，姿态万千，色彩斑斓，令人赏心悦目。真心希望你能细细品读此书，同我一道感受园艺乐趣。也希望本书能点燃你的灵感，帮你创作出专属秘密花园。

选材与技巧

培育一些小花小草，你不必花心思去学习什么技巧，也不用大费周章去准备工具材料，只要用心栽培，花草定会枝繁叶茂，眼见此情此景，谁又能不满心欢喜呢。我想，这也是桌上园艺的乐趣所在吧。

为它选一个温暖的家

想为自己可爱的花草布置一个温暖的家？那就去花草市场看看吧，那里一定有你想要的：花盆、花桶、窗槛、花箱材质不一，颜色丰富，大小俱全，任君挑选。花草市场是个好地方，买得到陶盆瓷盆不说，你若是稍加探索，说不定还会偶遇一些意想不到的培育器皿。二手商店、旧物市场也都是淘宝的天堂。在这里，古旧的小桶与箱盆与你的植物简直是天作之合，正等着你去发现。还有，那些有年代感的罐头瓶也十分实用，它们不仅颜色明媚，式样丰富，而且方便在底部钻孔排水，说是为园艺而生都不为过啊。

挑选器皿的时候千万要注意，底部一定要有至少一个排水孔，或者方便钻出排水孔。但若非如此，你又非常中意这个容器怎么办呢？那就把它用来栽培室内花草吧，或者用在一个有遮挡的地方（比如走廊或者阳台），这样能方便你控制浇水的量，免得浇多了水花草受不了。

打扫新家

别忘了，栽种之前好好把容器清理一下，这可是十分重要的，能降低花草受到昆虫侵蚀、感染疾病的风险。清理的时候，用温的肥皂水仔细刷洗，然后冲洗干净，最后完全晾干。

做好排水

植物在新家里，需要足够的排水来保证盆栽混合土湿度适宜，这样它才能茁壮成长。想想若是生活在过于潮湿的土壤里，这些植物会多么坐立难安啊，所以不管是金属容器还是木质器皿，做主人的，都莫要忘记做好排水系统：用锤子、钉子在下面钉出几个小孔，多余的水分就会轻松排出了。可爱的花草在里面健康生长，一定会感谢你这个细心的主人的。

保证排水

单是排水孔做好了可不是万事大吉了，想要排水孔不被土壤堵住，还要用一些碎陶片、旧瓦片或碎瓷片轻轻盖住排水孔并留出缝隙。用锤子敲碎旧花盆的过程中一定要小心，最好戴上护目镜，以防碎渣进入眼睛。做好后，在器皿底部放几个碎片，就大功告成了。剩下的碎片一定要留着，说不定什么时候还会派上用场呢。

为家配一位可爱的主人

终于到了栽种花草这一步了，还真的有点儿小激动呢。新家布置好了，那就为它配一株茁壮的植物吧，这可是至关重要的。一定要保证植物与容器的大小完美契合。要是空间太小，植物的根部可会伸展不开，那它自然会变得萎靡不振。在小容器中，你可以选择种植高山植物、多肉或是矮秆品种，它们十分乐意生活在这样的环境中。在移种植物的时候可以核查一下它在原来的"家"中还没有生根满盆，还要保证它没有受到昆虫侵蚀，也没有感染疾病。当然也要观察它的花色与叶子是否健康，这样才能保证它在新家里枝叶繁茂。

根部"马杀鸡"

倘若你的宝贝植物已经在原来的"家"里生根满盆，那它可是在小盆盆中委屈太久啦。这个时候可要给根部做一个"马杀鸡"：好好让它松动松动，这样，在植入新环境后，它才能舒展开来，尽情生长。这"马杀鸡"怎么做呢？用手指温柔地梳理根部，把所有的根条轻轻拨开即可。做的时候可不要太过用力，否则柔弱的植根是会受伤的。

给根团"洗澡"

花草移栽之前，最好给它的根团彻底"洗个澡"，这样，它才可能适应自己的"新家"。"洗澡"的时候，要让根部浸入水桶或小盆中，至少保持十分钟（植物越大需要的时间就越长），直到根部彻底浸润。

土壤的选择

花草市场上供选择的盆栽混合土多种多样，想必你会挑花眼，对入门者而言尤为如此。下文就简单介绍一下挑选合适土壤的方法。盆栽混合土主要分为两种，一种是土基混合料，另一种是无土栽培基质（其中包含泥炭或泥炭替代物）。

土基混合料

土基混合料可谓功能齐全，实乃花草良居。书中介绍的花草大多都能在其中茁壮成长（当然也有一些娇嫩的植物，偏偏要住在其他地方才肯绽放笑脸）。这种土壤十分肥沃，在植物起初"入住"六周到八周期间，能够为它们提供不尽的营养（过了这段时间之后，还是不要忘了给这些小生灵施肥），而且，土基混合料不仅能帮助它们深深扎根于自己的新家，还有一点，懒人听了会窃喜，那就是不用排水，这样就免得在瓶罐底打孔了。市面上有售的土基混合料多种多样，其中的养分含量也不尽相同，以适合各种植物的不同需求。具体的选择如下：

- 入门混合土是一种养分较低的土壤，但它足以为幼苗提供肥沃的环境让它们生根发芽。注意，幼苗需要大一点儿的空间才能伸展开来，之后也会有更高的营养需求。
- 多功能混合土对大多数花草可是十分友好的。其中蕴含的高养分会让你的植物深深扎根，枝繁叶茂。
- 若是想让花草长伴左右，那主人可要准备好养分充足的土壤。施些缓释肥，做好充分的排水也是必要的。

无土栽培基质

无土栽培基质可比土基混合料要轻便、便宜得多了，但是它存不住水，干得又太快——这可真是令人头大，尤其是天气热的时候。无土栽培基质尤其适合短期种植，不过主人要定期用液体肥料给它施肥，因为液体肥料养分较少，适合无土栽培基质的环境。由于长期种植用的容器更适合土基混合料，所以用无土栽培基质栽种的时候，不建议你用这种容器。还有，尽量不要使用带泥炭的盆栽混合土，因为它真的很不环保！

专用混合土

总是有一些"娇气"的植物，这也不行那也不行，对环境的要求严得很。对待它们，可要准备好特定的盆栽混合土，这样它们才能蓬勃生长。

- 仙人掌和多肉专用混合土常常含有一些砾石，这样排水才会通畅。就算你不大量地买，店家也会十分乐意卖给你的。但你若是去哪里都搞不到的话，那就买些多功能混合土吧。要是能加上一些砂石或园艺专用沙砾，那就更完美了。
- 杜鹃花科植物专用混合土对那些不适应石灰环境的花草来讲，简直是再合意不过的了。而且，这种土壤的pH值低于7，呈弱酸性，适宜这类植物生长。同样的，这种土壤，只买一点点，已经足够小小的花草舒展生长了。

巧用他料

还有几种其他的材料能够使土壤发挥出更大的功效。像园艺专用沙砾、沙子或是质地上乘的砾石，都是利于排水的好帮手，使你心爱的花草免于过涝。在照顾体型娇小的植物时，千万要用一些精细的工具材料，免得伤了根部。在花草市场，你同样买得到蛭石（一种膨

胀的矿物）和珍珠岩（一种轻质的火山玻璃），此类种种，都能加强土壤的排水与通风能力。一句话来讲，这些材料并非至关重要，但一旦用起来，你肯定会觉得相见恨晚！

护根及装饰

护根是一层土壤的覆盖物，不仅可以用来保持水分，而且令人赏心悦目。像砾石，覆盖在多肉或仙人掌周围，就能起到很好的作用，从此土壤与叶子能分隔开来，看起来也叫人满心喜欢。说起这些砂石，也是颜色各异，种类繁多。若是你懒得去买，小小的碎贝壳、晶莹的碎玻璃、精致的鹅卵石也都是你的选择。此外，苔藓也能装饰植物的小家，让其看起来生机盎然，欣欣向荣。

悉心照料

一定要养成定期照料花草的习惯，这样它们定会绽放得更美丽，以此来报答你的养育之恩。相信在此过程中，你会收获满满的感动。具体的方法我会在各个造型设计中有所提及，以下就先介绍一些照料植物的总体技巧：

浇水

浇水对于生长在小容器中的植物而言绝对是至关重要的。不得不说，和长在土地上的植物相比，它们变干的速度可不知快上多少，天气炎热的时候就更不必说了。所以，千万要养成定期检查植物状态的好习惯，有必要的话就立即浇水。我可不是在开玩笑，想要花草健健康康，欣欣向荣，不这么做怎么能行！尤其是在它们生长的时节。

很少有植物会乐意每天都生活在湿透的土壤中，其实，刚刚好的湿润才是它们所向往的。所以，炎热的夏季里，做主人的，可不要忘记每天都检查一下植物的状况啊，必要的时候可要及时地浇水。浇水最好是在傍晚的时候进行，因为此刻的太阳早已落山，土壤中的水分也就不会蒸发得那么快了。当然了，我这样讲可不是要你白天就不要浇水，任何时候，只要植物看起来无精打采，多浇一次水都会让它重新焕发活力。你若要离家几天，无力看管植物，那么就让它们喝得饱饱的，然后将其移到阴凉的地方。这样在你离开的日子里，它们就不

用口干舌燥地等你回家了。

保水颗粒可是盆栽混合土的保水神器，尤其是在那些一眨眼就变干的小容器中。所以在栽种之前，主人也可以在盆栽混合土中放入一些保水颗粒。

室内植物对水分的要求可是很高的，因为它们生长所在的容器是没有排水孔的，所以你一个不小心土壤就会过涝。这就要求主人更加耐心细心，做到周周检查，必要的话就浇水，但又不要浇得太猛。此外，主人还需要每周都用喷壶湿润清洁植物、容器以及换风装置。仙人掌和多肉在干燥环境中可谓坚挺不拔，但是主人若能给它们创造一个适宜湿润的环境，那又何乐而不为呢。

施肥

在植物下种之后的前六到八周期间，多功能混合土足以为它们提供丰富的营养。但在此之后，额外的肥料绝对能帮助这些小生灵们茁壮成长。主人可以浇入液体肥料。在混合土里埋入缓释肥颗粒也是个好办法。

液体肥料可用于满足不同植物需求的各式盆栽混合土中。多功能液体肥料口碑良好，适用于大多生活于室外容器的植物，可以说是你购买的绝佳选择。在使用的时候，可要熟稔店家的指导，小心地稀释肥料，然后在生长季节投入使用，时间间隔为一周或两周。当然了，专用液体肥料，番茄专用肥料、室内植物专用肥料，用在这里也是可行的。

主人可以在下种之前，早早地在花盆中放好缓释肥颗粒，也可以在下种之后，在土壤表层中埋入，免得自己的这些植物整天嚷嚷着要"吃"液体肥料。

叶面肥料经过稀释，能够直接喷在花草表面，经过滋润，它们立马就会神气十足。当然了，这种肥料尤其适合于那些脱离土壤的花草，所以，千万不要头脑一热把它喷在盆栽混合土上当作肥料使用，不然，生长其中的植物也会变得病快快的。需要注意的是，在向植物喷射叶面肥料的时候，不要让它们经受阳光直射，不然会伤害到它们的叶片。

断舍离

要想让植物时刻焕发新的生机，移除那些枯萎的花朵与叶片可是必不可少的一步，这样不仅能令花朵繁茂，同时也能使植物看起来整洁美观。莫要急于播种新

的植株，请你定期去除植物上的枯花萎叶，如此，植物自然就会绽放新的活力，花期也就更加持久。对于茎叶柔软的植物，用你的指尖轻轻地摘下枯萎的花朵就可以；若是植物茎干较坚挺，那就选择剪刀或者修枝剪。敢于断舍离，和故去的花草说再见，这不仅对植物有上述的各种好处，还能减少植物受到枯花败叶的影响，使它们免于昆虫、疾病的干扰。

防虫防病

昆虫、疾病席卷整片植物只是一瞬间的事，所以，做主人的，千万不要掉以轻心，一旦发现问题，就要立即采取对策，以此来保证植物能够生机勃勃，健康长久。以下列出了几种简单的方法，希望你能照做，好让植物永葆活力。

• 下种之前，一定要彻底将容器清洁干净。

• 购买植株的时候要保持警惕，多多选择那些枝繁叶茂、球根健硕的花草。

• 避开生根满盆和感染虫病的植物。

• 不要舍不得在盆栽混合土上投资，在选择的时候也要考虑到植物的适应性。

• 时时关心你的植物，一旦发现它们感染虫病就立即采取措施，千万不要把事情拖到不可收拾。

一定要养成给植物定期施肥的好习惯，这样，它们的体魄越强健，患病的概率就越小。蚜虫就经常吮吸树液，把你心爱的植物折磨得生不如死。所以，主人一旦发现，趁着一切还在掌控中的时候就把它们隔离到海角天边。若是已经发展到群虫来袭的情况，那就立马往植物表面喷射经稀释的洗洁精。当然了，市面上也有一些防虫病产品，但是我并不主张在园艺当中使用这些化工品。

灰霉病，由灰霉病真菌感染而来，体现在叶片上就像擦了一层白粉。这种真菌在潮湿密闭的环境中极易繁殖，所以为防止疾病找上自家植物，主人还是要记得适时通风，必要的时候还得采用有机杀菌剂。需要注意的是，叶片十分茂密但是却稍许发白，你大可不必担心，它可能只是太渴了，额外浇些水，喂些养料，它便又会绽放阳光笑脸。

小贴士：虫病若是发展到不可收拾的地步，你在市面上选择杀菌剂的时候，还是尽量找找那些有机产品吧，不仅仅是为了让植物恢复生机，也是为了不伤害那些生活在植株中的益虫益菌，它们其实也是对抗虫病感染的功臣。

实用好物推荐：

认真搞园艺的人怎能不备工具？以下就是一些实用好物的推荐，有了它们，在面对本书提及的任何设计方案时，你都能游刃有余。补充一句，买工具装备的时候不要舍不得投资，要买就买最好的，然后好好地保护它们，这样它们才能用很长时间。

移植铲	剪刀
园艺叉	园艺线
金属勺	植物标签
园艺手套	小型浇水壶（带有莲蓬头
锤子、坚硬的钉子（用来	喷嘴）
在容器下方钉出排水孔）	喷壶
修枝剪	

第一章

室内园艺造型

栽培小贴士

对于景天科青锁龙属、长生
草属、百合科瓦苇属这类的多肉
植物来说，干燥的生活环境简直是天
堂。所以切忌频繁浇水，每次浇水
后都要留出足够的时间让它们好
好"冷静冷静"，这样它们才
能茁壮成长。

明媚瓶罐——花草最佳拍档

回收空罐头实乃良计一策——当然，要选择一些颜色明亮的罐头瓶，若是带有鲜艳的图样那就更完美了，这样，它们组合在一起才会有强烈的视觉冲击。选取适合室内生长的花草，分植于这些罐瓶中，再把它们搭配在一起，哇，看起来果然生气盎然，明媚可人。

所需装备：

有年代感、颜色明亮、图样鲜艳的罐头瓶或罐头盒

锤子、坚硬的钉子

好看的砾石

盆栽混合土

图中植物（仅罐中植物）：

上排（由左至右）：

紫帝景天（景天科八宝属）、筒叶花月（玉树，景天科青锁龙属）、秋海棠（秋海棠科秋海棠属）、玉露（阿福花科瓦苇属）。

下排（由左至右）：

雅乐之舞（花叶银公孙树，马齿苋科马齿苋属）、长生红海（景天科长生草属）、翡翠木（友谊树，景天科青锁龙属）、松霜（百合科瓦苇属）。

1. 首先，用肥皂水仔细清洁罐子。完全晾干之后，用锤子和钉子在底部钉出几个小洞用来排水。若是怕水从排水孔里流得到处都是，可以在罐子底部设置垫盘或直接省去排水孔，但要切忌频繁浇水。

2. 罐子底部放入几把砾石铺平，以助排水。

3. 盆栽混合土填至罐子半满，铺平。

4. 第一次栽种多肉的时候，要把它之前的土壤也捋过来一点点，这样，它就能轻松适应新环境了。注意，土壤要刚好没过植物的球根，必要的话，就再添一些之前的土壤轻轻压平。正所谓万事开头难，之后再进行此过程就会轻车熟路了。啰嗦一句，浇水的时候，不要把土弄得湿透。

玻璃容器——植物安居之所

　　玻璃容器，小小的便足够植株生长。这迷你的玻璃罐，反射着七彩阳光，让人爱不释手，简直是为园艺而生。说来幸运，我寻到了一些带有网盖的罐子，好看又通风。但若是觅不到类似的罐子，储藏罐也是不错的选择，其上通常都有为方便拧开瓶盖而设计的部件。实在不行，你也可以时不时拧开盖子，保证自己悉心照料的小精灵们在不那么干燥的条件下也能茁壮成长。

所需装备：

带螺旋盖的玻璃罐

好看的砾石

木炭粉（选用密封罐的话会用得到，宠物店里有卖）

小勺子

盆栽混合土（带少许沙子或蛭石）

装饰沙土（非必需）

画笔刷

小贝壳、鹅卵石、小石子（做装饰备用）

喷壶（用以滋润植物）

图中植物：

前：翡翠殿（虎牙芦荟，百合科芦荟属）

右：虹之玉（天几草、耳坠草，景天科景天属）

后：网纹草（银网草，爵床科网纹草属）

栽培小贴士

你用的玻璃罐若是密闭
的话，可别忘了时不时把盖
子拧开让里面的植物呼吸
呼吸新鲜空气。

1. 在动手之前，仔细清洗玻璃罐并让其干透，然后在罐子底部放入一些好看的砾石。注意，要慢慢地放入，以免把玻璃打碎。玻璃罐没有通风口的话，在砾石上铺一层薄薄的的木炭粉不失为一个好办法，木炭粉可以吸收植物生长过程中散发的味道。当然罐子若是有开口的话，便可以免去这一步骤。

2. 用小勺往罐底加入盆栽混合土覆盖住砾石层，在此过程中，要保证玻璃罐直立，这样砾石层才能保持平整。

3. 第一次栽种的时候，一定要小心翼翼地把植物从土中移出来，根部要保留一些它原来的土壤。注意不要弄疼它。

4. 把植物根部朝下种植于土壤中，用你温柔的手（罐子太小的话，用小勺子也可以）把它安在新家里。

5. 在植物根部周围添一些土壤，然后用小勺压实。好了，这绿色的小生灵从此便深深扎根在新家了。对了，添土的时候莫要添太多，小心你水晶般的玻璃瓶留下黑黑的痕迹。

6. 把小勺擦净，然后舀一些砾石或者装饰沙土盖住土壤并铺平，接着再次压实，赶出下层的气泡。

7. 接下来，画笔刷该派上用场了。用它轻轻地清洁玻璃罐内壁，刷掉上面的碎石与沙土。再次栽种的时候，也要练习以上方法，熟能生巧嘛。

8. 有心的话，你还可以接着在其上加一些小贝壳，当然，鹅卵石和小石子也是不错的选择。

9. 最后一步，用喷壶滋润一下罐子中的植物，少一点儿就可以，不要把土壤弄得太过湿润了。最后，盖上盖子，完成。

空气凤梨——木上精灵

嘿！悄悄告诉你，我最近发现了个引人入胜的宝贝，就是空气凤梨。"空气"一词，指的就是它不需要生长介质就能生存！同时它也不娇气，只要你时不时给它喂饱水，它就能过得欢天喜地。对了，空气凤梨需要足够的日照，但是又不能经受阳光直射，这一点需要主人注意。你要做的，就是保持环境潮湿，通风良好，相信你的空气凤梨一定会为拥有你这样可爱的主人感到满心欢喜。

所需装备：
浅碗
残树上的树皮
喷壶

空气凤梨种类推荐：
宝石
小蝴蝶
富奇思
三色铁兰

1. 找到一个浅浅的碗，在里面注满水（最好是雨水，没有的话，自来水也是可以的），然后，把空气凤梨没入水中，保持几分钟后，再把它拿出来沥干。

2. 在桌上放置一块树皮，在其上找到小洞、裂缝，以便给空气凤梨安家。首次下种空气凤梨的时候，一定要小心再小心，把它轻轻地推入洞口，确保它安然无恙。然后，继续种入空气凤梨，在下种的时候，注意颜色和材质的搭配，这样看起来才赏心悦目。

3. 别忘了每隔几天都要用喷壶滋润一下这可爱的空气凤梨，创造出湿润的环境能利于它的生长。

玻璃瓶罐——水生植物之家

　　没有池塘，没有浴缸，还想欣赏水生植物的摇曳身姿，怎么办？别发愁！我有办法。选取大小不一的玻璃瓶罐，在里面放入沙子、砾石、贝壳、卵石，最后植入一两株水生植物。瞧啊，一个桌上花园就此诞生，如此与众不同，引人注目！其实，比起池塘中的水生植物，那些在浴缸中生存的植物体型小巧，足是这一方案的最佳选择了。

所需装备：
玻璃瓶罐
水中沙粒（宠物店、花草市场均有售）
勺子
贝壳、卵石
水中砾石（宠物店、花草市场均有售）
自来水（置于开放环境中一至两天，以放净氯和其他化学物质）

水生植物推荐：
大浪草（水薤科水薤属）
宽叶皇冠草（泽泻科）
针叶皇冠草（泽泻科）

1. 确保玻璃瓶罐干燥洁净之后，我们就可以开始了。先抓几小把沙子投入罐底。

2. 把植物伸进罐中，根部埋进沙子。如果罐子太小的话，双手肯定是伸不进去的，这个时候你就会发现一个勺子是多么好用啊。

3. 有心的话，你也可以在罐子中再植入一株植物，这取决于第一株草所占的空间大小。

4. 往罐子里投入一些贝壳、卵石，这可以让它看起来更漂亮，注意放入的时候要小心。不过，直接从海滩上拾这类小物可不太好，还是去园艺商店买点儿吧。

5. 当然了，你也有其他的选择：在沙子上选用砾石装饰，不过在放入砾石的时候要千万小心，免得砸向无辜的植物。然后，把砾石铺平。

6. 其余的水生植物就按照上述步骤移植就可以了。对了，往罐中注水的时候，要先把水倒在勺子背部，然后再让水慢慢流进去，这样就不会冲散已经布置好的砾石。最后，就把罐子静置在那里，安安心心地等待几小时，水与玻璃就会变得好似融为一体，晶莹清透，美不胜收。

日式苔玉——温润君子

日式苔玉，即苔藓球。这种绿植艺术极易操作，而且令人耳目一新。圆圆的基座覆盖一层绿茸茸的苔藓，看起来赏心悦目。利用这种方式，主人只要悉心照料，植物也可以永葆生机。你可以把苔玉置于盘子上，这可令其表面避免过分潮湿，也可以用尼龙绳把苔玉挂起，但不要弄得太高了，免得浇水麻烦。

1. 把植物从花盆中轻轻地移出来，然后除去多余的土壤，注意，在此过程中，千万要小心谨慎，不要伤害到根部。

2. 土壤则需要盆栽混合土和盆景混合土融合，其中三分之二盆栽混合土，其余为盆景混合土，这样才能保证其正常的保水与排水。最好是加入一些泥炭藓以提高土壤的保水能力，但这并不是最重要的。接下来，注入水分，充分湿润土壤。

所需装备：

混合土

盆景混合土

泥炭藓（非必备）

表苔（花草市场、花店均有售）

尼龙绳（垂钓用品店有售）

剪刀

图中植物：

蝴蝶兰（兰亚科蝴蝶兰属）

布朗耳蕨（鳞毛蕨科耳蕨属）

3. 在植物根部盖上几把湿润的混合土，然后用手把它塑成球形。注意，要小心攥出多余的水分。

4. 把表苔绿植面朝下铺于地上，包裹住植物根部的球状混合土。

5. 剪去多余的苔藓，以使球状混合土整洁利落。表苔是很容易处理的，所以对你而言，做到完美收尾，一定不在话下。

6. 在苔藓球周身系好尼龙绳，打个坚固的结，然后不断缠绕苔藓球。注意在苔藓完全固定成形之前，要多加小心，不要让它受伤。接下来，打上结，把线头清理利落，再浇上水，沥干，一个完美的苔玉就形成了！

仙人掌与多肉——精灵国度

　　仙人掌、多肉，说起来都是充满灵气的小家伙，它们随意组合就是一个美丽的小花园，还不娇气，而且，就算你没有条件腾出多大地方，它们也能在一个小角落里装点你的世界，这是多么美好啊。不过要注意的是，可不要把它放在木桌上或什么其他怕水的位置，如果非要这么做的话，那就在下面放一个小碟来阻隔它们漏下来的水吧。

所需装备：

充满年代感的长条形金属盒或
类似器皿

锤子、坚硬的钉子

排水用瓦罐渣

盆栽混合土（加入一些沙子或
蛭石以助排水）

好看的砾石

图中植物：

吹雪柱（仙人掌科管花柱属）

若绿（景天科青锁龙属）

彩云阁（龙骨，大戟科大
戟属）

玉露（阿福花科瓦苇属）

唐印（景天科珈蓝菜属）

雅乐之舞（花叶银公孙树，马
齿苋科马齿苋属）

虎皮兰（天门冬科虎尾兰属）

新玉缀（景天科景天属）

福德各鲁特（高加索景天，景
天科景天属）

长生红海（景天科长生草属）

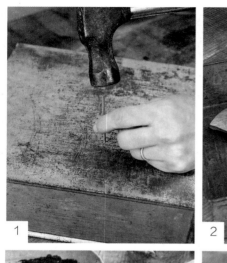

1. 栽培植物所用的金属盒一定要有良好的排水系统，所以，其下方若是没有孔的话，请用锤子和钉子凿出几个以方便今后的排水。

2. 在底部放入碎瓦罐，这样混合土就不会堵住容器的排水孔了。

3. 用混合土把盒子填至半满，然后铺平。

4. 把植物从它们的"老窝"中转移到"新家"来，要精心安排它们的位置，这不仅能让自己开心，也能取悦植物。在此过程中，你千万不能掉以轻心，尤其在遇到那些娇气的花草之时。至于总体安排，我还是建议你把体型较大的植物放在后面，较小的置于前部。当然了，没有明文规定非要这样做，一切还是随你心意。再啰唆一句，不要让同样颜色形状的植物挨在一起，这样毕竟不是太好看。

5. 在植物根部周围填入混合土，以便除去土壤中的气泡。接着再把土面铺平。

6. 在土壤表面上装饰些砾石，注意不要砸到娇嫩的绿植。然后，浇水静置即可。

栽培小贴士

仙人掌和多肉最让人省心了，
但你不要因为它们如此好养活就将
其置于不顾，哪个植物不需要喝水呢？
主人可以利用温度适宜的雨水和富含矿
物质的自来水来浇灌它们，这样土壤中
就会蕴含足够的营养，它们的叶片
自然也就闪闪亮亮的了。

栽培小贴士

多肉从来不哭着喊着要你经常浇水，而且它们本来也不喜欢在特别潮湿的环境中生活。所以，你应该时不时检查一下自己多肉的状况，看到它缺水就立马给它喝饱，但是别浇太多。

贝壳与多肉——天生一对

多肉极易扎根，对生长环境要求也不高，所以在贝壳里生活对其而言不仅轻而易举，而且对于自己和贝壳搭配会变漂亮一事，它也定会十分乐意。你可以把形状不同、颜色各异的多肉与各式各样的贝壳搭配在一起，相信会收获意想不到的好效果呢。

所需装备：
大型贝壳
仙人掌、多肉专用混合土

多肉种类推荐：
黑法师（景天科莲花掌属）
翡翠殿（虎牙芦荟，百合科芦荟属）
森圣塔（景天科银波锦属）

紫色珍珠（景天科拟石莲花属）
稻田姬（景天科叶草属）
玉米石（景天科景天属）
铭月（景天科景天属）
虹之玉（天几草、耳坠草，景天科景天属）
珊瑚珠（景天科景天属）
长生红海（景天科长生草属）

1. 用力把混合土塞进贝壳，塞得越多越好，毕竟多肉也是需要足够的空间才能健康生长。

2. 把植物根部置于水中浸泡几分钟，然后把它从盆中移出。在松动根部土壤的时候要多加小心，接下来就可以把植物植入贝壳了。

3. 在栽种第二株植物之时，同样把其根部土壤移除。然后将其塞入贝壳中固定。

4. 最后的植株也要同之前的一样，松动根部土壤，在此之后，将其推入两株已经栽种好的植物之间。此过程中，你可以用小拇指或铅笔的钝头压实土壤，以确保植物完全扎根。其他贝壳也可以如此利用，栽种之后仔细浇水，然后静置排水。若是你种的多肉不畏风雨，你完全可以把它放在户外点缀庭院，但若非如此，放在室内也同样让人赏心悦目。

兰花与玻璃罩——最佳密友

　　玻璃罩晶莹剔透，兰花馥郁迷人，蕨类精致典雅，如此组合，定会让你的室内花园别具一格。兰花最好选择球根小巧的蝴蝶兰，配上绿意盎然的密垫状苔藓，如此迷人的花草，相信没人会将眼神移开。注意，即使苔藓湿润也要保持它颜色艳丽。如果买不到密垫状苔藓，我建议你多去花草市场走动走动，多问问当地的花农，热心的人不会让你失望而归的。实在找不到，表苔也是可以用在这里的。

所需装备：

玻璃罩、防水基座

好看的砾石

木炭粉（宠物店有售）

盆栽混合土

大型卵石（非必需）

喷壶

图中植物：

武竹（天冬草，百合科天门冬属）

白发藓（呈密垫状，白发藓科白发藓属）

蝴蝶兰（兰亚科蝴蝶兰属）

1

1. 不得不提一点，种植兰花的基座一定要保证防水，不然它会被罩内的湿度侵蚀的。倘若你选取了木质基座，那你首先需要用塑料薄膜或塑料托盘保护好它。接下来，你就可以放心地在基座上平铺一层砾石了。

栽培小贴士

玻璃罩中的花草可是乐得
在其中生活的，但是你最好
还是隔几天就移开罩子检查一
下里面的湿度，发现苔藓变
得太干就要用喷壶滋润
一下。

2. 在砾石层上撒上一些木炭粉，用以吸收混合土和苔藓散发的难闻气味。

3. 铺上混合土，在中间堆出一个小山包。

4. 把兰花从之前的花盆中移出，谨慎地剥离其根部多余的土壤。然后，把根部移植到铺好的混合土中，再压实固定。

5. 取一小部分蕨类植物的根部进行移植。在此过程中只需要取其边缘部分，拆分根部的时候也要尽量仔细。

6. 在混合土中植入蕨类，再次压实土壤固定，必要的话可采用大型卵石来进行此步骤。

7. 在种植完毕的植物周围，将几块苔藓压成利落的穹状。然后用喷壶滋润植株，再盖好玻璃罩。美妙的盆景就这样诞生了。

小瓮与多肉——相见恨晚

　　这小小的瓮精巧甜美，我第一次遇到时就不可救药地爱上了它。它对于那些不需要太多空间和水分的多肉而言，简直是最完美的安家之所，因为这样的多肉本身也不必经常排水。把一个瓮变成一个多彩的植物之家，只需要选取三四种质地不一的多肉植入其中即可。再添入砾石则会更完美。

所需装备：

精巧的小瓮或相似器皿

好看的砾石

盆栽混合土

图中植物：

知更鸟玉树（景天科青锁龙属）

翡翠木（友谊树，景天科青锁龙属）

紫色珍珠（景天科拟石莲花属）

蒂亚（景天属与拟石莲花属）

珊瑚珠（景天科景天属）

俄亥俄酒红（景天科长生草属）

翡翠珠（菊科千里光属）

1. 在每个瓮的底部撒入砾石。

栽培小贴士

作为主人，你要做到不时给瓮中的植物浇些水，但不要浇太多。注意，让它们在光亮的地方享受阳光它们才会开心地长大。

2. 在瓮中填入混合土，并稍微与砾石混合，以免浇水后土壤变得过于紧实。

3. 多肉根部的土壤一定要潮湿，但不能过涝。所以在栽种之前，你需要把植株浸于水中，几分钟后捞出沥干。然后从花盆中移出第一棵植株（移植的顺序随你心意），轻轻地刮下根部多余的土壤，把它栽入瓮中。

4. 其他植株也以上述方法移植即可，注意除去根部多余的土壤，好让它能舒适地进入新环境。

5. 以指尖用力压实多肉根部的土壤，以便其固定其中。

6. 必要的话，再加入一些混合土来填充多肉根部的空隙。接着把土壤铺平，用刷子除去落在植物表面的尘土。用瓮栽种其他植株的时候，重复上述步骤就好了。

7. 最后在土壤表面撒上一些砾石，这不仅让人赏心悦目，也有助于保水。再次清理植株表面。现在，多肉也许还不需要立马浇水，等它需要的时候再给它喝水吧。

室内绿植与素色花盆——黄金搭档

所有的植株汇集于室内一处，绝对夺人眼球。植物要五颜六色，质地各异，大小不一，花盆要颜色相近，光泽类似，这样才会碰撞出意想不到的火花。不要选择型号大于植物球根的花盆，否则植物最终会在潮湿的土壤中受尽煎熬的，除非你想让它长得越来越大。

所需装备：

素色花盆

排水用瓦罐渣

盆栽混合土

喷壶（用以滋润植物）

图中植物（由左至右）：

狼尾蕨（兔脚蕨，骨碎补科骨碎补属）

小天使蔓绿绒（天南星科蔓绿绒属）

库拉索芦荟（巴巴多斯芦荟，阿福花科芦荟属）

豹斑竹芋（竹芋科竹芋属）

花月宴（仙人掌科毛花柱属）

彩虹竹芋（竹芋科肖竹芋属）

八角金盘（五加科八角金盘属）

1. 只要花盆底部有排水孔，你就要放上一些瓦罐渣，以防排水孔被浇过水的土壤堵住。

2. 首次下种时，先在花盆中填入少量混合土，然后铺平。

3. 把植株移植到"新家"之时，注意球根表面要置于花盆边缘2.5cm之下，以便于之后填土或移土。

4. 在球根周围继续填入混合土压实，以便排出土壤中的空气。栽种其他植株时，重复上述步骤即可。

5. 家中的绿植都喜欢雨露滋润，所以，你还需要时不时用喷壶滋养它们一下，以保证其青春活力。

栽培小贴士

你可别忘记定期检查
自己的绿植，在没有排水
孔的情况下，切忌过度
浇水！

第二章

户外园艺造型

长柄勺与多肉——长长久久

　　素色的长柄勺与可人的多肉两者碰撞，会产生意想不到的化学反应。长柄勺宜选取勺体较大、凹陷较深的一类，以便植物有足够的空间生长舒展。多肉应选体型稍大的一类，折取部分种植，因为这类多肉生命力往往比较旺盛，经受得住栽种期间的"无情辣手"。下种完成后一定要将其固定，以便其生根长大。

所需装备
长柄勺
盆栽混合土
一把砾石

图中植物：
左： 苔藓（花草市场、花商均有售）
中： 紫珍珠（纽伦堡珍珠，景天科拟石莲花属），稻田姬（景天科叶草属），新玉缀（景天科景天属），虹之玉（天几草、耳坠草，景天科景天属），俄亥俄酒红（景天科长生草属）
右： 吹雪之松锦（马齿苋科回欢草属），翡翠木（友谊树，景天科青锁龙属），白霜（景天科景天属）

1. 将植株浸泡10分钟左右直至土壤湿润。在长柄勺底部填入混合土后撒入少许砾石以助排水。

2. 把体型较大的多肉小心翼翼地从花盆中移出，除去其根部多余的土壤以减少其所占体积。接着，把它移植于长柄勺一侧。

3. 再植入一株较大的多肉，方法同上，位置最好选在长柄勺后方，然后将其固定。

4. 接下来就可以开始移植体型较小的植株了，如果遇到的植株都太大，你也可以折下一小部分植于已经栽好的多肉周围。栽好之后压实土壤。

5. 在土壤孔隙填入混合土，然后将栽好的植株固定。

6. 在混合土上点缀一些砾石，用手指将其轻轻推进植物周围的土壤。这有助于保持土壤湿润，而且也起到装饰作用。在其他长柄勺中栽种植株时，重复上述步骤即可。全都搞定之后，稍微浇水，静置排水。完成。

栽培小贴士

虽说多肉不挑三拣四，忍
得了干燥不适，但也不要对
它们置之不理。做主人的，一
定要做到定期检查浇水。

金属器皿与白色花朵——淡然之欢

古旧的金属器皿透着远远的时代记忆，与白色的花朵相配，让人过目不忘，沉醉其中。花朵最好选择颜色相近、大小不一的种类，这样看起来才不会单调。书中的例子就是如此，波斯菊的硕放花瓣、矮牵牛、角堇的细碎花朵，通奶草的精细花叶，共同组成一幅清新淡然的美好画卷。

所需装备：

有深度的金属器皿

锤子、坚硬的钉子（非必需）

排水用瓦罐渣

盆栽混合土

图中植物：

波斯菊（菊科秋英属）

通奶草（大戟科大戟属）

矮牵牛（茄科碧冬茄属）

角堇（堇菜科堇菜属）

1. 将植株浸泡半小时左右，直至土壤湿润。若是金属器皿没有排水孔，那么就用锤子和钉子钉出几个来，随机分布于容器底部各个部位。

2. 把瓦罐渣铺于金属器皿的排水孔之上，这样排水孔就不会被混合土堵住。

3. 往容器中填入混合土至半满后铺平。

4. 把角堇从花盆中移出，轻轻松动其根部，然后植入金属容器后方。

5. 波斯菊移出花盆后，移植到角堇旁边。各棵植株的球根顶部置于距容器最上端2.5cm。

6. 把其余两种花移植于金属容器前部。填入混合土填充空隙后，仔细浇灌这满眼繁花吧。

栽培小贴士

天气炎热的时候，要经常检查一下土壤的湿度，太干的话一定要及时浇水，同时要去除枯萎的花叶来保证它一直绽放出新生花朵。

金属深盘与角堇牵牛——郎才女貌

　　矮牵牛与黑角堇、三色堇搭配置于餐桌之上，绝对会冲击人们的眼球。在特殊场合下，再点燃几支蜡烛，用微弱的烛光氤氲浪漫的氛围（小的金属蛋糕罐和玻璃罐都可以插进土壤用来固定蜡烛，此外，你要确保烛火不会烧到枝叶上）。这样一来，你会发现，本就美丽非凡的花朵变得紧凑活泼，愈加动人。

所需装备：

具有年代感的金属深盘
排水用瓦罐渣
盆栽混合土
苔藓（花草市场、花商有售）
蜡烛及蜡烛固定器（非必需）

图中植物：

常春藤（五加科常春藤属）
矮牵牛"黑曼巴"（茄科碧冬茄属）
矮牵牛"意犹咖啡"（茄科碧冬茄属）
黑角堇（堇菜科堇菜属）
紫色三色堇（堇菜科堇菜属）

1. 把水倒入所有植株中浸泡，体型较小的泡5到10分钟足矣，体型较大的就多泡一小会儿吧。在栽种之前，要确保金属盘底部有排水孔，然后用瓦罐渣盖住排水孔以防土壤将其堵塞。

2. 混合土填至容器半满，接着将土壤铺平。

3. 把矮牵牛从原来的花盆移到金属深盘中，看情况增减土壤，以确保每一株花的球根都埋在容器边缘之下。

4. 把黑角堇和三色堇移植到矮牵牛旁边，将几种花朵穿插排列，让整个容器看起来美丽饱满。

5. 常春藤要移植到金属盘的边缘，这样它们就可以沿着四周恣意爬行啦。

6. 加入混合土来填充缝隙并压实，除去植物根部的气泡。接着把苔藓撕成小块，压在土壤表面将其完全覆盖。此乃点睛之笔，会使得整体效果看起来更加完美。最后，别忘记浇水。（倘若你在其中装饰了蜡烛，那么点燃之时可要多加小心，不要烧到你心爱的花。）

栽培小贴士

切记要保持土壤湿度的
适宜，遇到枯萎的花叶也要
及时清理，这样花朵的笑颜
才会长长久久。

明黄釉盆与新生春花——命中之缘

　　蛰伏漫长冬日，我已迫不及待一赏新生春花的娇姿妍容，配以明亮的黄色釉盆，果真一扫冬日淤积于心中的阴霾不快。明黄色釉盆清新艳丽，恰好衬出花朵的娇艳欲滴。所以在搜寻容器的时候，最好选择一些明快却不失平和的颜色，然后在其中植入风信子、葡萄风信子、虎耳草和角堇，最后加入翠绿苔藓让整体更加吸引眼球。

所需装备：
透着时代气息的明亮釉盆
排水用瓦罐渣
盆栽混合土
苔藓（花草市场、花商有售）

图中植物：
风信子（风信子科风信子属）
深蓝串铃花（百合科蓝壶花属）和白花天蓝葡萄风信子（百合科蓝壶花属）
虎耳草（虎耳草科虎耳草属）
深紫与淡紫色角堇（堇菜科堇菜属）

1. 在釉盆底部铺上瓦罐渣方便今后的排水。

2. 混合土填至容器半满，接着将土壤铺平。

3. 将风信子从花盆中移出，除去其球
   茎上松动的土壤。然后将植株植入
   釉盆，稍微垒起其中的混合土，以
   便固定植株。

4. 栽种葡萄风信子的步骤同上，而且
   同样垒起混合土将其固定。

5. 把其余的植株的球根浸于水中5至
   10分钟。在下种虎耳草的时候要注
   意轻拿轻放，然后移植到釉盆边缘
   部分。

6. 接着把角堇植于釉盆中的空余空间。

7. 在各棵植株之间填入混合土，铺平。

8. 用苔藓小块填满露出的土壤部位，
   春花配釉盆就此完成。注意，苔藓
   要适当撕取，利落修饰土面即可。
   一切就绪之后还是别忘了浇水。

栽培小贴士

定期检查釉盆中的花，保持
土壤湿润，清理枯萎角堇，以便
给新生花朵腾出空间。风信子完全
枯萎时，一定要懂得"断舍离"，
果断地把它替换为角堇，这样釉
盆中的花才能一直保持清
新活力。

茶壶水罐——意外宝物

淘到了一些茶壶水罐，我才发现，原来这些小玩意儿正是夏令植物绝佳的安身之所。在二手商店、柜台店面，你都能够寻到这些透着浓浓古老味道的茶水罐，它们可是夏令植物聚集狂欢的绝佳地点，足以装点你枯燥的庭院。

栽培小贴士

定期去除植株上枯萎的花叶，这样新生花朵才会欣欣向荣。还要经常观察土壤的状况，需要的时候应立即浇水，注意土壤应保持湿润，而不是湿透。

所需装备：

选取好看的茶壶水罐

砾石

盆栽混合土

珍珠岩或蛭石（非必需）

图中植物：

淡粉色的木茼蒿（玛格丽特花，菊科木茼蒿属）

蓝色和霓粉色的迷你矮牵牛（茄科矮牵牛属）

双距花（玄参科）

矮牵牛（茄科碧冬茄属）

马鞭草（马鞭草科马鞭草属）

1. 把水倒入植株中浸泡半小时左右。浸泡期间，用肥皂水洗净茶壶，栽种之前把其晾干，之后在茶壶底部放上几小把砾石。由于容器底部没有排水孔，这样做可以避免其中的土壤结成潮湿的硬块儿。

2. 往茶壶中填入盆栽混合土，有条件的话，加一些珍珠岩或蛭石也是不错的选择，它们也能成为排水通风的功臣。

3. 准备下种第一棵植株——双距花。把植株从花盆中移出，小心地清理其根部的多余土壤，这可是非常重要的步骤，尤其是在茶壶颈部很窄的情况下！

4. 轻轻地将植株根部植入土壤，令其刚好位于茶壶边缘之下。若是它的位置太低，就再垫一些混合土吧。种其他植株的时候重复以上方法就可以啦。

5. 栽种完成后可不是高枕无忧了，你还要想着给植物浇水，但别浇得太湿。

金属水槽与花草枝叶——三生有约

　　若你的家里有空间放置窗槛花箱，何不好好利用，惊艳来客呢？这时候就别想着种植那些夏令植物了，用娇艳的矾根、泡沫花、黄水枝代替，效果会更惊艳，它们的花朵小巧玲珑，配以玉簪繁叶青翠欲滴，让人眼睛不舍移开。对于水槽的选择，我建议还是越大越深为妙，这样花朵才能有足够的空间伸展绽放。

所需装备：

金属水槽

锤子、坚固的钉子

排水用瓦罐渣

盆栽混合土

图中植物：

矾根（珊瑚铃，虎耳草科矾根属）

泡沫花（花卉科花卉属）

玉簪（天门冬科玉簪属）

黄水枝（虎耳草科黄水枝属）

1. 把水倒入所有植株中浸泡约20分钟，直至球根湿透。必要的话，用锤子和钉子在水槽底部钉出排水孔。接下来放入瓦罐渣，用来防止排水孔被土壤堵住。

2. 土壤填至水槽半满并铺平。

3. 取一株玉簪植入水槽一端。

4. 在玉簪旁栽入其他植株，直至填满
   水槽。根据情况，填入或移出盆栽
   混合土，以便使所有植株的球根互
   相持平。

5. 在各株花朵旁撒入少量混合土压
   实，以确保其根部没有气泡。铺平
   土面并浇水，然后静置排水。

栽培小贴士

在炎炎夏日里，记得每
隔几个星期就要用多功能
肥料喂饱植株，这样，它
们才会时刻保持最佳
状态。

木制盒子与橘黄花朵——相亲相爱

看到木盒子，我脑海中就会浮现这样的画面：一个百宝箱，绽放出橘色、黄色的花朵，闪着活泼的金光。在利用木盒子种植花草的时候，可以适量浇水，并利用塑料膜来保护盒子免受水分侵蚀。当然了，你也可以随自己的心意在盒子底部钉出排水孔，放入瓦罐渣，这样就可免去铺设塑料膜了。

所需装备：
古旧的木质盒子
黑色塑料薄膜
钉枪和钉
盆栽混合土

图中植物：
黄色鬼针草（菊科鬼针草属）
迷你矮牵牛（茄科矮牵牛属）
水杨梅（茜草科水团花属）
非洲万寿菊（菊科蓝目菊属）
冰岛虞美人（罂粟科罂粟属）
橘黄色三色堇（堇菜科堇菜属）

1. 把水倒入所有植株中浸泡约20分钟，直至球根湿透。把塑料薄膜铺进木盒子内部，在角落处将薄膜折起，用钉枪将其固定直到覆盖住盒子顶部。

2. 盆栽混合土填至盒子半满，铺平。

3. 将最高的植株植入盒子的后半部分（通常是非洲万寿菊）。

4. 将其他植株按照由高到低的顺序分别移植到木盒中。根据情况，填入或移出盆栽混合土，以便使所有植株的球根互相持平并刚好位于盒子边缘之下。

5. 把剩下体型较小的植株植于大型植株之间，在木盒边缘处也点缀一些小型植物。

6. 加入少量混合土铺平压实以填满空隙。最后浇水静置，注意不要浇得太湿。

栽培小贴士

定期清理枯萎的花
朵，好让植物绽放出新生
活力。

旧时罐盒——唤醒花朵

　　大丽花如此美丽多彩，但却从来不招人待见。不过，我现在可以很开心地说，伴着娇媚阳光和妍丽身姿，它们即将回归！其实那些旧时罐头盒便能唤醒大丽花内心的神气与活力。用这些容器种植的时候要做好足够的排水工作，不然大丽花可是不愿意向人们展示它的动人笑脸的。

所需装备：

旧时罐头盒

锤子、坚固的钉子

排水用瓦罐渣

砾石

盆栽混合土

图中植物：

大丽花（菊科大丽花属）

1

2

3

4

5

1. 把水倒入大丽花植株中浸泡约半小时，直至球根湿透。为了使土壤不过涝，罐头盒底部需要用锤子和钉子钉出排水孔。

2. 在罐头盒底部的排水孔上盖上瓦罐渣，以免其被土壤堵塞。

3. 把砾石放入罐头盒底部，促进排水。

4. 土壤填至罐头盒半满，铺平。然后检查一下，不要留下气泡。你可以用罐头盒轻轻敲击地面以便土壤落实。

5. 在下种第一棵植株的时候，移出后要小心地除去其根部多余的土壤。然后就可以把花朵种进"新家"了，在其根部上方填入部分土壤以便让其刚好位于容器边缘下方2.5cm左右。接下来，重复以上步骤来种植剩余的植株即可。别忘了之后要不时浇水。

栽培小贴士

夏天天气炎热，植物一定不好受，这时候切记每隔几天就要看看它们的生活状况，并注意保持土壤湿度适宜。

幽幽绿草与金属花架——相濡交融

有的时候，涤净华彩，干干净净的一种颜色就足以摄人心魄。今时今日，那种大草原般的满眼翠绿正受到不少人的喜爱。接下来的搭配就是用绿草与花架来创造一种精巧朴素的视觉效果。书中例子中所用的花架周身带有小洞，所以我利用苔藓在花架内部将漏洞盖住，以防土壤泄出。如果没有苔藓，也可以用麻布袋来代替。

所需装备：

金属花架

黑色塑料薄膜（非必需）

苔藓（花草市场、花商有售）

盆栽混合土

图中植物：

大星芹（伞形科星芹属）

红缬草（败酱科红缬草属）

发草（禾木科发草属）

毛地黄（玄参科毛地黄属）

墨西哥飞蓬（菊科飞蓬属）

通奶草（大戟科大戟属）

鼠尾草（唇形科鼠尾草属）

1. 把水倒入所有植株中浸泡约一小时，直至球根湿透。若是花架底部有洞，则铺上一层塑料薄膜并在边角处固定，以防土壤泄出。

2. 为装饰整体效果，同时防止土壤从花架侧面的洞口漏出，可以从花架底部开始往上方铺满苔藓。

3. 一手铺苔藓时，另一手用勺子向花架中舀土，便于固定苔藓。

4. 继续进行上述步骤，直至四周铺满苔藓，并在苔藓内侧堆置混合土，为栽培植株留出空间。

5. 把植株从花盆中移出，松动其根部的土壤，以便其在新的环境中更快生长。接着，把它们植于花架两侧。

6. 在容器正中植入大星芹。

7. 继续栽入其他体型较大的植株。然后根据情况，填入或移出盆栽混合土，以便使所有植株的球根互相持平。

8. 把剩余的小型植株植入已经栽培好的植物之间，也可将其用于装饰花架边缘的土壤。

9. 再次填入土壤以填充可能漏土的洞口，然后将土壤铺平。

10. 你可随自己的心意在植株周围盖上苔藓，如果植株之间的距离很小，此步骤就可以免去。最后，好好浇水，静置排水即可。

迷你铁桶——秘密花舍

若是你钟情于花舍却碍于空间不够而愁眉不展，那我这里倒是有几条建议，相信会对你大有裨益。寻一只简简单单的旧式铁桶，配以夏花盛开的植株，相信这美好的一切会让你眼前一亮。

所需装备：	图中植物：
电镀铁桶	滨菊（小牛眼菊，菊科滨菊属）
锤子、坚固的钉子（非必需）	羽扇豆（豆科羽扇豆属）
排水用瓦罐渣	拳参（蓼亚科蓼属）
盆栽混合土	鼠尾草（唇形科鼠尾草属）

1. 把水倒入所有植株中浸泡约20分钟，直至球根湿透。必要的话，用锤子和钉子在水槽底部钉出排水孔。接下来放入瓦罐渣，用来防止排水孔被土壤堵住。

2. 盆栽混合土填至小桶半满铺平。先将滨菊移植到小桶后部，然后根据情况加减土壤以便其根部恰好置于桶沿下方几厘米处。

3. 把鼠尾草从花盆中移出，移植在滨菊前部，也就是小桶的左半部。然后用同样的方法将拳参移植在小桶另一侧。之后可以根据情况加减土壤。

4. 把羽扇豆植入其他植株之间，并加些混合土压实以便除去土壤气泡、填充根部空隙。浇水之后，静置排水，大功告成！

栽培小贴士

若是你悉心照料，清理枯花，定期施肥，你的小桶花舍定会在夏天的几个月里都生机盎然，花开不败。

第三章

赏心悦目饱口福

朴素铁盆与诱人蓝莓——你侬我侬

　　蓝莓不仅能让你感到惊艳，在炎炎夏日它还会结出饱满诱人的蓝色果实让你一饱口福。蓝莓适宜生活在酸性环境中，所以为确保它能茁壮成长，主人应该选择杜鹃花科植物专用混合土来栽培它。记得在生长季节一定要每周都给它施肥，这样它才能极尽生机绽放花朵，连结硕果。然后配上龙面花、蓝盆花，简直是美貌与美味的完美融合。

所需装备：

大号的电镀铁盆

排水用瓦罐渣

杜鹃花科植物专用混合土

图中植物：

龙面花（玄参科龙面花属）

蓝盆花（川续断科蓝盆花属）

北高丛蓝莓（杜鹃花科越橘属）

1. 把水倒入所有植株中浸泡约20分钟，直至球根湿透。必要的话，用锤子和钉子在水槽底部钉出排水孔。接下来放入瓦罐渣，用来防止排水孔被土壤堵住。

2. 杜鹃花科植物专用混合土填至铁盆半满，轻轻铺平除去土壤中气泡。

栽培小贴士

蓝莓适宜生活在pH值小于5.5
的土壤中，这也是我们为它准备
杜鹃花科植物专用混合土的原因。
自来水会稀释土壤的酸性，所以有
条件的话，请收集雨水来浇灌这
可爱的小生灵。

3. 把蓝莓植株从花盆中移植到铁盆中心部分。注意植株球根的顶部应置于铁盆边缘下方几cm。在此过程中，可适量增减土壤来调整土面高度。

4. 倘若蓝盆花已经生根满盆，移出花盆后，请轻轻梳理其根部，以便它在新的环境中伸展拳脚。

5. 蓝盆花种植在铁盆前部，栽种过程中注意给龙面花留出空间。此刻，你还要再次检查蓝盆花植株的根部土壤与蓝莓是否持平。

6. 上述步骤同样适用于移植龙面花，在栽培过程中，你可以随自己的意愿调整各个植株的位置。

7. 在植株根部填入混合土，铺平压实以除去气泡，这样其整体效果也会平整干净，讨喜于人。最后，仔细浇灌，等待其结出饱满多浆的果实吧。

水槽锈迹——草莓的吻痕

　　餐桌上装饰草莓植株，想想就让人满心憧憬，这不仅仅是因为其上结出累累硕果，更是因为花果草木齐齐入目，让人心生欢喜。摘取果实乃一大消遣乐事，若是在草莓周围配以角堇之类的其他植物和可食花草，整个植株就不单硕果喜人，其美艳姿态也会让人过目不忘。具体的植物推荐包括九层塔（罗勒，唇形科罗勒属）和欧芹（伞形科欧芹属），这些都是生命力强、口味极佳的选择。

所需装备：
生锈的水槽
锤子、坚固的钉子（非必需）
排水用瓦罐渣
盆栽混合土

图中植物（一水槽容量）：
草莓（蔷薇科草莓属）
银斑百里香（唇形科百里香属）
角堇（堇菜科堇菜属）

1. 把水倒入植株中浸泡约10分钟。
   若是水槽底部没有洞，则可以用
   锤子和钉子钉出排水孔。

2. 钉出孔后，将水槽正面朝上放置，
   并把瓦罐渣盖于排水孔之上，以免
   其被混合土堵住。

3. 混合土填至水槽半满后稍微铺平。

4. 把草莓植株从花盆中移出，稍微松
   动其根部，然后将其栽种于水槽之
   中并保持固定。接着移植进其他草
   莓植株，保证各棵植物均匀分布于
   容器中。

5. 用同样方法将两株角堇植入水槽。

6. 百里香移出花盆后，穿插种植于
   已经栽好的各棵植株之间。最后
   在所有植株根部撒入混合土轻轻压
   实，以填充空隙。你完全可以跟随
   你心，想种植多少个这样水槽都可
   以，但是不要忘记过后要勤于浇
   水，然后将其静置排水。

平实网篮——蔬菜派对之家

　　蔬菜叶片繁茂，易于存活，就算空间有限也能绵密生长。所以种植蔬菜不正是人人都应该尝试的一个方案吗？平实无华的网篮实际上是最完美的蔬菜集结之所，它们易于排水，不论是阳台还是室内餐桌都可随意放置，优点可谓数不胜数，所以我们开始动手吧！

所需装备：
网篮
苔藓（花草市场、花商有售）
盆栽混合土

蔬菜幼苗种类推荐：
芥菜（十字花科芸苔属）
小白菜（十字花科芸苔属）
红叶莴苣（菊科莴苣属）
F1番茄（茄科蕃茄属）
紫叶罗勒（唇形科罗勒属）
酸模（蓼科酸模属）
红脉酸模（蓼科酸模属）

1. 网篮底部铺上苔藓以固定盆栽混合土。

2. 将苔藓小块推入网篮四周，并用勺子加入混合土以防苔藓掉下。

3. 继续在篮中铺苔藓，注意在镂空部分多铺一层。

4. 网篮中填入盆栽混合土并铺平。

5. 番茄植株的根部过水中浸泡后移植到网篮中心位置，注意把球根完全埋入土壤之下。

6. 小心翼翼地将蔬菜幼苗移植进网篮前部，注意给每棵植株间留出约2.5cm的间距。

7. 继续在番茄植株另一侧植入蔬菜幼苗。

8. 其他幼苗则可分植于篮中的空余土壤。然后重复上述步骤在更多的网篮中栽种植物幼苗。注意浇水和排水。

栽培小贴士

如果需要摘取成熟的蔬叶，
可以植入更多的幼苗。注意要给网
篮中的植株经常浇水。土壤变干之后
再浇入过量的水会使番茄无法忍受。
还有，番茄在生长的时候，请用树
枝支撑，避免倒伏。

古朴碗罐与清新香草——情深意浓

　　香草易于在任何环境中健康生长，而且其姿态可人，香气迷人，能连续数月为你的烹饪添香入味。所以，就算你没腾出太多空间，也一定要为它们营造出专属温床，为你的园艺生活添彩。你可以去二手市场或柜面淘一些老物件，像旧罐瓶、老碗盆之类的，在其中植入你钟爱的香草，随机组合，创作你的香草王国吧。

所需装备：

颜色相近或对比强烈的旧时罐瓶和
碗盆

锤子、坚固的钉子

排水用瓦罐渣

砾石

盆栽混合土

图中植物：

薰衣草（唇形科薰衣草属）

牛至（唇形科牛至属）

迷迭香（唇形科迷迭香属）

紫叶鼠尾草（唇形科鼠尾草属）

柠檬百里香（唇形科百里香属）

百里香（唇形科百里香属）

1

2

3

1. 用锤子和钉子在碗罐底部打出小孔
   用以排水（如果其底部已经有排水
   孔，那么就直接进行下一步吧）。

2. 把打好孔的容器调转过来，在底部
   的排水孔上盖好瓦罐渣，以便今后
   排水，不然会伤害到即将搬过来的
   香草。

3. 容器中铺入1cm左右深的砾石，这
   当然也是为了促进排水。

4. 盆栽混合土填至容器三分之一满后铺平。

5. 把水倒入所有植株中浸泡约20分钟，直至球根湿透。然后把牛至移植到碗罐的一侧，注意植物根部应该置于容器边缘之下。

6. 薰衣草紧挨着牛至栽种，并保证各株植物根部的土壤齐平。

7. 向碗罐中加入混合土压实以确保所有植株安家固定。

8. 在土壤表面点缀一些砾石以保持土壤湿度。

9. 把其他香草植入容器中的空余区域，然后仔细浇水，并给植株足够的时间排水。

栽培小贴士

请不时检查香草的湿度，
不要过涝，湿度适宜为好。然
后每隔几个星期就喂它吃一次
多功能肥料，这样你的香草
才会繁密生长，芬芳
沁心。

聚青成塔——娇翠欲滴

小小的绿叶蔬菜可是目前大受欢迎的吃食，而且令人惊喜的是，它极易生存，成熟之时娇小可人，能在沙拉中大放异彩。当然，这小小的植物种植在浅浅的托盘中也能恣意生长，但若是把它们摆成小塔，那绝对会让你的户外野餐变得趣味盎然。这时候准备几把剪刀，大家一起收获美味吧。

所需装备：

4个大小不一的果冻模具或金属碗

盆栽混合土

种子种类推荐：

豌豆、小萝卜、九层塔、胡萝卜、菠菜、芝麻菜

1. 在最大的碗里填满盆栽混合土，打散其中的土块。

2. 用手把土壤铺平压实，以便固定下一个模具。

3. 大小次之的模具放在注满土壤的第一个模具之上，同样在其中填入盆栽混合土并压实铺平。

4. 大小再次的模具放在第二个模具之上并注土压平，然后在其上放上最小的模具并填入土壤。

5. 将种子撒入最顶端的模具中（在这里我种的是豌豆）。种子最好栽得紧密一点儿，这样植株长出来才会繁盛茂密。

6. 其余几层的土壤中也撒入种子（我在这里栽种的是小萝卜和另一种豌豆），同样，下种的时候种子也要比你平常种植的要紧密些。

7. 给即将破土而出的植物仔细地浇浇水，注意一定要保持土壤湿润。然后将整个绿塔置于温暖的窗边，完美！

栽培小贴士

绿叶蔬菜的种子要花上一两个星期的时间才会发出芽来。这时候你可以除去太弱小的幼苗，除非你偏爱看着它慢慢地抽枝伸叶。同时也应该除去少许土壤上的嫩芽，以便其他植株正常生长。

瓮中莓果——清甜诱惑

看着自己亲自种植的水果硕果满枝，本就是件令人满足的事，若是这水果植株看起来又美艳非凡，那就更是如此了。而博伊森莓刚好能同时满足你的眼睛和嘴巴。其果实硕大多浆，配以粉、绿、橙、黄的斑斓彩叶，足以成为花园里的一抹亮彩。为它选择"新家"的时候，要挑那些空间足够的器皿，以便根部在新的环境中能够伸展生长。有条件的话，你还可以在植株旁装饰仙翁花，其花朵饱满，会让整体效果更加讨人欢喜。

所需装备：

金属瓮

锤子、坚固的钉子（非必需）

瓦罐渣

砾石

盆栽混合土

图中植物：

仙翁花

博伊森莓（蔷薇科悬钩子属）

1

2

3

4

5

6

1. 把水倒入所有植株中浸泡约20分钟，直至球根湿透。用锤子和钉子在瓮的底部钉出排水孔。接下来放入瓦罐渣，用来防止排水孔被土壤堵住。

2. 在瓮的底部铺入一层砾石以促进排水。

3. 混合土填至瓮中半满并铺平。

4. 把莓果植株从花盆中移出，并松动其根部，以便让其在新的环境中扎根生长。然后把植株移植到瓮的后部，保证其根部顶端至少位于瓮边缘下方的2.5cm处。

5. 将仙翁花移植到博伊森莓的前方。

6. 再次加入盆栽混合土以固定植株。最后，给植物浇水并将其静置排水。

栽培小贴士

要注意时时保持土壤湿润。每逢春秋时节，最好给莓果植株施一些多功能肥料。结果之后别忘了修剪枝叶，相信它一定会感恩自己拥有如此负责善良的好主人的。

第四章

桌上花园

凳上花园——春意盎然

　　娇媚的春日阳光下，一个简单的板凳或茶几上长满绿意盎然的茂草和朵朵盛开的鲜花，实乃花园中不可抹煞的一大亮点啊。用板凳做花草之"家"的时候，要不时检查一下土壤的湿度，这东西是无法排水的，所以土壤很容易就会过涝。必要的话，就把板凳移到阴凉通风的地方以助土壤变干吧。

所需装备：

废弃的木凳或茶几

长木块（用来做花箱，其长宽取决于板凳或茶几的大小）

螺丝刀和长螺丝钉、电钻

黑色塑料薄膜

钉枪

盆栽混合土

图中植物：

铁线莲（毛茛科铁线莲属）

花格贝母（百合科贝母属）

白头翁（毛茛科银莲花属）

虎耳草（虎耳草科虎耳草属）

夜皇后郁金香（百合科郁金香属）

1. 经过测量，截取两长两短四块木板，然后用螺丝钉将长短木板连结固定在板凳上（事先用电钻在必要部位钻出小孔）。

1

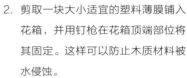

2. 剪取一块大小适宜的塑料薄膜铺入花箱，并用钉枪在花箱顶端部位将其固定。这样可以防止木质材料被水侵蚀。

3. 盆栽混合土填至花箱半满并铺平，使土面看起来清洁平整。

4. 把郁金香从花盆中移出，并植入花箱后部。舀取盆栽混合土填入其根部周围，以便固定植株。

5. 把水倒入其他植株中浸泡，直至球根湿透。将白头翁移植到花箱之中，然后把花格贝母置于花箱后方。

6. 将其中一株虎耳草植入花箱前部一角用以装饰边缘部分。

7

8

7. 另两株虎尾草，一株植入花箱另一角，另一株置于花箱前部，接着把铁线莲插在两株虎尾草之间。

8. 再次加入部分盆栽混合土并铺平来填充空隙。整个过程完成后要做到植株相互交融，花箱饱满紧密。最后一步，浇水静置，不要让土壤过涝。

小巧桌台与满目黄花——无尽之缘

　　实话实说，我本人对黄色的花并不感兴趣，但是我无意中发现大花金鸡菊的明媚娇黄在深沉黑灰的映衬下，如此夺人眼球。我们说做就做：去二手商店淘一个木质深盘和小小的桌台，把它们喷成统一的颜色，看起来仿佛融为一体。对了，盘子选得越深越好，这样植株的根部才能恣意伸展。

所需装备：

小巧的桌台

足够大的深盘以配合桌面的大小

电钻

剪刀

黑色塑料薄膜或废弃的垃圾桶内衬

钉枪

盆栽混合土

图中植物：

大花金鸡菊（菊科金鸡菊属）

水杨梅（茜草科水团花属）

常春藤

栽培小贴士

需要的时候要给植株喝
饱水，但要避免过度浇水。
此外，还应定期清理枯萎的
花朵，促使植株绽放新生
活力。

1. 把水倒入所有植株中浸泡约20分钟，直至球根湿透。在深盘底部钻出四个小孔，然后用螺丝钉将其固定于桌台之上。

2. 剪取一块大小适宜的塑料薄膜铺入深盘，并用钉枪将其固定，注意深盘角落里的塑料膜要铺展平整。此过程结束后，要保证塑料膜不露出深盘以碍美观。

3. 深盘中填入部分盆栽混合土，然后稍微铺平。

4. 将水杨梅从花盆中移出后，轻轻松动其根部土壤，然后植入深盘后部。

5. 大花金鸡菊用同样方式处理，必要的话，可移去其根部的多余土壤。

6. 常春藤移植到深盘前部，然后加入盆栽混合土填充土壤中的空隙。最后，仔细浇水，不过不要浇得过涝。

迷你仙草堂——精灵流连之所

　　有一类金属碗盆，极宽极浅，极适合做一个迷你仙草堂。碗盆边缘刚好种植一些体型矮小、叶片娇嫩的植株，丝网拱门恰宜爬满野生草莓和纽扣玉藤，再配上密垫状苔藓加以装饰，相信所有的精灵仙子都会对此流连忘返。

所需装备：

较大的浅盆

锤子、坚固的钉子

瓦罐渣

砾石

盆栽混合土

密垫状苔藓（花草市场、花商有售）

铁丝织网（约60cm x 4cm）

两倍长度的可活动丝网（用以固定拱门）

种满苔藓的迷你桶（用以装饰精灵椅）

精灵椅用料：

细枝

修枝剪

热胶枪和胶棒

图中植物：

小叶红刺头（蔷薇科）

"沃利粉红"岩芥菜（十字花科岩芥菜属）

墨西哥飞蓬（菊科飞蓬属）

野草莓（蔷薇科草莓属）

香雪球（十字花科香雪球属）

纽扣玉藤（夹竹桃科眼树莲属）

藓状景天（景天科景天属）

白霜（景天科景天属）

红花百里香（唇形科百里香属）

1. 把水倒入所有植株中浸泡，直至球根湿透。用锤子和钉子在金属盆底部打满小孔以助排水。

2. 将金属盘正面朝上放置，并在其底部布上几块瓦罐渣，以便排水通畅。

3. 在其上倒入砾石促进排水。盆栽混合土填至容器半满并铺平。

4. 把飞蓬从花盆移植到金属盆一侧，令飞蓬的枝叶刚好越过金属盆边缘。

5. 用同样的方法把景天、百里香、小叶红刺头、香雪球、岩芥菜分别植入金属盆侧边。

6. 野草莓植于计划放丝网拱门的地方。然后在其附近植入纽扣玉藤，以便它从另一侧爬上拱门。

7. 用密垫状苔藓覆盖住光秃的土壤。最好保持苔藓完整，但为了边缘部分得以全部覆盖，可以撕取小块进行操作。注意，苔藓要在土壤上压实，各块苔藓可以重叠。

8. 将金属丝网弯曲成拱门状，并把拱门插入苔藓，用U形丝网固定，U形丝网同样要穿入苔藓加以固定。

9. 修整野草莓和纽扣玉藤，使它们爬上小拱门。轻轻地将铁丝织网穿过植物叶片以固定植株。最后，把精灵椅装饰在拱门前（制作方法详见本页下方"精灵椅制作指南"）。根据你的意愿，你还可以放上一个植满苔藓的小花桶来装饰整体。

精灵椅制作指南

1. 截取两段细枝（约15cm长）垂直竖立在桌台之上，然后取6节约8cm长的细枝。其中一节连结两段长枝，再取其中两节竖立在桌台上，其余短枝用胶将竖立的细枝连结成俯视正方形，注意，几节短枝要保持其与第一个短枝齐平，这样椅子的底侧就做好了。

2. 继续截取8段约8cm的细枝，并将它们连结在做好了的椅子两侧构成椅座。现在，精灵椅便初具雏形。

3. 截取12段细枝，取其中两截交叉粘在椅子底部，另取3根交叉于椅背，剩余几根竖直粘在椅背，一个精灵椅就此诞生。

本真铜碗——天外来宝

　　这个古旧铜碗是从旧货摊淘来的，起初看到它满身锈痕，我还真抑制不住自己想把它改造一新的冲动，但最终，我还是决定保留它最本真的美丽，用花花草草来衬托其原始的韵味。

所需装备：

铜碗

锤子、坚固的钉子（非必需）

砾石

盆栽混合土

图中植物：

巧克力秋英（菊科秋英属）

红盖鳞毛蕨（金星蕨科毛蕨属）

花烟草（茄科烟草属）

紫叶酢浆草（酢浆草科酢浆草属）

虎耳草（虎耳草科虎耳草属）

福德各鲁特（高加索景天，景天科景天属）

彩叶草（唇形花科鞘蕊花属）

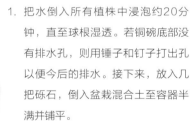

1. 把水倒入所有植株中浸泡约20分钟，直至球根湿透。若铜碗底部没有排水孔，则用锤子和钉子打出孔以便今后的排水。接下来，放入几把砾石，倒入盆栽混合土至容器半满并铺平。

2. 把巧克力秋英从花盆中移出，栽种在铜碗的后部。

3. 将其他植株移植进铜碗中，大的在中间，小的在周边。

4. 酢浆草和景天装饰于边缘，其花朵枝叶要刚好越过铜碗。根据情况，可在铜碗底部加减土壤，以使所有植株的球根顶部置于同一水平面。最后，在植物之间填入部分盆栽混合土并压实，以固定所有植株。浇水之后静静地等待它排水就万事大吉了。

似火月季与淡雅釉盆——互补模范

　　浅蓝釉盆清新雅然，红粉月季热情如火，两者看似格格不入，实则和谐互补，是令人眼前一亮的绝佳搭配。搭配时，小盆坐于大盆之上，其层叠效果，更抓人眼球。但这样也有不好的地方，那就是月季的生长环境会十分受限，这就要求我们填入更多的土壤，为其提供足够的伸展空间。不过，告诉你一个好消息，月季价格便宜，易于寻到，这是不是更吸引你了呢？

所需装备：

2个釉盆（一大一小）

锤子、坚固的钉子（非必需）

瓦罐渣（非必需）

盆栽混合土

小型塑料花盆（用以固定较小的釉盆）

图中植物：

常春藤

粉色微型月季

1. 倘若这些月季只是你为特殊场合准备的惊喜（可能只是摆在桌上用以渲染浪漫氛围），那么就不需要在器皿底部打孔排水了。反之，若是希望花朵久开不败，那就乖乖地拿起锤子钉子打孔吧。

2. 打好排水孔后，在釉盆底部放入排水用瓦罐渣（同样，月季若只是用来暂时观赏，则可以免去这一步骤）。

3. 盆栽混合土填至小型釉盆半满。水泡入植株球根几分钟后沥干，注意不要让它湿透。接着，在釉盆中植入两株月季，并在根部周围填土。

4. 盆栽混合土填至大型釉盆半满。然后把塑料花盆倒置插入中心土壤，保证釉盆土壤充其内部，同时塑料花盆的顶部要位于较大釉盆高度的三分之二处。接下来，继续向釉盆倒入盆栽混合土，直至土面没过塑料花盆，然后将土壤压实。

5. 将较小的釉盆置于较大的上方，正好坐于塑料花盆中心位置。

6. 其余的月季从花盆中移出后，轻轻松动除去根部土壤，并将根部抒小，然后移植到较大的釉盆中，注意在栽种过程中要多加小心。

7. 将常春藤植株移植到较大釉盆的月季之间，填入盆栽混合土压实、填充空隙，最后浇水静置，这美好的月季花园就大功告成啦。

栽培小贴士

注意保持土壤湿润，但不要过涝
（尤其是在没有排水孔的情况下）。
此外，还要定期清理枯萎的花朵，以促
进新生花叶的生长。倘若植株只是用来暂
时观赏的，那就要求你在特殊场合来临之
前，不时地用喷壶对它稍许加以滋润，
这样月季才能在你需要的时候大放
异彩。

罐中繁花——烂漫璀璨

　　旧时的瓶瓶罐罐里栽种似锦繁花，悬于餐桌窗边，看得人心驰神往。这一搭配需要你选择一些爬行的花草，可以轻松越过瓶罐的边缘生长。要注意的是，在把罐瓶悬挂起来之前，一定要做好浇水与排水，免得它漏的水把你的餐桌弄得湿淋淋的。

所需装备：

干净的空瓶罐（撕去标签）

锤子、坚固的钉子

砾石

盆栽混合土

钢丝

装饰用小鸟模型（非必需）

钳子（非必需）

图中植物：

迷你矮牵牛（茄科矮牵牛属）

红盖鳞毛蕨（金星蕨科毛蕨属）

勋章菊（菊科勋章菊属）

金叶过路黄（报春花科珍珠菜属）

百日草（菊科百日菊属）

1. 把水倒入所有植株浸泡约10分钟，直至球根湿透。用锤子和钉子在各个瓶罐的边缘打出小孔，以便悬挂。

2. 瓶罐倒置，在底部打出几个小孔用以排水。

3. 在瓶罐中填入砾石以防土壤过涝。

4. 在每个瓶罐中都填入几把盆栽混合土，大约填至半满即可。

5. 各棵植株从花盆中移出后，除去多余的土壤以减小根部体积。然后，将植株植入土壤，根据情况加入盆栽混合土（高度填至距容器边缘2.5cm即可）。

6. 取一段钢丝（长度取决于瓶罐悬挂的地点），将其一端插入瓶罐上方的小孔，然后把钢丝拧成一束以便其固定瓶罐。

7. 在钢丝另一端扭出小圈以便悬挂，在此过程中，你可以取不同长度的钢丝操作，这样，植株悬起来才会错落有致。

8. 根据你的意愿，你还可以添加其他装饰物，例如图中的小鸟。这时候，你准备的钳子就能派上用场啦。

金属器皿与淡然花朵——缘分绵绵

　　单单几件器皿置于桌上，其闪烁的金属银光本就夺人眼球，而淡然清新的植株，则为这美好的景象更添朴素魅力。淡蓝浅白的花草组合在一起温润平和，而将其植入大小不一的金属器皿，你会发现，这般搭配竟如此活泼和谐。

所需装备：

金属桶、金属盆

锤子、坚固的钉子

瓦罐渣

砾石

盆栽混合土

图中植物：

夏雪草（石竹科卷耳属）

玉簪（天门冬科玉簪属）

薰衣草"帝国珍宝"（唇形科薰衣草属）

牛至（唇形科牛至属）

婆婆纳（玄参科婆婆纳）

林荫鼠尾草（唇形科鼠尾草属）

撒尔维亚（唇形科鼠尾草属）

细裂银叶菊（菊科千里光属）

1. 把水倒入所有植株浸泡约10分钟，直至球根湿透。用锤子和钉子在各个器皿底部打出小孔以便排水。

2. 在容器底部布上瓦罐渣，防止排水孔被盆栽混合土堵住。

栽培小贴士

天气炎热的时候，千万要
定期给你的宝贝植物浇水啊。
同时要记得，每隔几个星期就施
肥一次。这样，花草才会繁盛
茂密。

3. 向容器底部倒入约2.5cm高的砾石，用以促进排水。

4. 盆栽混合土填至容器半满，并铺平。

5. 将第一棵植株移出花盆，小心松动其根部。

6. 把植株移植进土壤中，并根据情况增减土壤。重复上述步骤将其余植物移植进金属器皿当中，最后，浇水之后静置排水。

悬花锦簇——最是动人

　　锦簇繁花悬于餐桌之上，也是惹人注目的一抹亮彩。在浅盘中生长的夏令植株根部小巧，就算在有限的空间里也能焕发光彩，尤其适合这一造型。

所需装备：

表苔（花草市场、花商有售）

网环（直径35cm，用以做花环基座）

盆栽混合土

铜线

钳子

钢丝（用以悬挂花簇）

植株种类推荐：

假马齿苋（玄参科假马齿苋属）

雁河菊（菊科雁河菊属）

迷你矮牵牛（茄科矮牵牛属）

香雪球（十字花科香雪球属）

1. 将几块苔藓做成环状，朝下放置于桌上，然后把网环放在苔藓上。你可以根据情况调整苔藓位置。

2. 在网环上撒上几把盆栽混合土，直至网环被完全覆盖。

3. 用铜线将苔藓和盆栽混合土聚集固定于网环之上（我用的是铜线，在操作中可能十分困难，所以，你可以选择银线减轻难度），直至网环被完全覆盖。你大可不必担心苔藓中会留有空隙，只需要确保盆栽混合土不会泄出即可。

4. 把水倒入植株球根浸泡几分钟。然后将其中一棵植株从浅盘中移出，并松动其根部土壤。用手指在苔藓上抠出小孔后，轻轻地把植株塞入其中。

5. 继续用上述方法移植其他植株，直到花簇看起来鲜活饱满。

6. 在网环上继续缠上足够的铜线，以
   便植物不会掉落。接着，给花簇浇
   上水静置后，便可悬挂在餐桌之上。

悬挂方法

　　用钳子取两段钢丝，其长度取决
于你打算把花簇挂在哪里。但要注意
其长度是悬挂高度的两倍（加长约
60cm）。把每段钢丝的一端缠在网环
上，并留出相同的间隔。然后，将钢
丝另一端与悬挂的钢丝在花簇顶部位
置扭成一束，以便花簇固定。另外，
也可将花簇悬挂在拱门或藤架上。

栽培小贴士

天气热的时候，花簇水分流
失的速度十分惊人，这就要经常
检查土壤的湿度。炎热季节要定期
滋润花簇，若是花朵们看起来无
精打采，就要每天都给它们
浇水。

奶白釉盆与黄紫嫩花——金玉良缘

　　奶白色的釉盆朴素大方，配以黄色和紫色的花朵，看起来生气勃勃。进行操作的时候，可以把较高的植株种植在釉盆后侧，娇小一点儿的植于前部，爬行植物布于边缘。花朵颜色相间，给人留以深刻印象。

所需装备：

大型釉盆

锤子、坚固的钉子

瓦罐渣

盆栽混合土

图中植物：

矢车菊（菊科矢车菊属）

金叶过路黄（报春花科珍珠菜属）

橙黄色非洲万寿菊（菊科蓝目菊属）

天竺葵（牻牛儿苗科天竺葵属）

鼠尾草（唇形科鼠尾草属）

伊娃黑接骨木（忍冬科接骨木属）

黄水枝（虎耳草科黄水枝属）

橘黄色三色堇（堇菜科堇菜属）

1. 把水倒入植株球根浸泡至少20分钟，直至其完全湿透。然后用锤子和钉子在釉盆底部随机打出排水孔。

2. 在釉盆底部铺上瓦罐渣，以免排水孔被土壤堵住。

3. 混合土填至釉盆半满，并铺平。

4. 将接骨木移植到釉盆一侧，植入后其根部土壤要压实。

5. 鼠尾草植于釉盆后部临近接骨木的位置。然后将天竺葵置于鼠尾草之前，并压实其根部土壤。

6. 用同样方法将黄水枝移植到天竺葵旁边，接下来，移植矢车菊和万寿菊。

7. 把金叶过路黄装饰在釉盆最前部，以便其在边缘爬行。三色堇种在容器的一侧后，填入部分混合土并铺平。仔细浇水后静置排水。

致谢

我与戴比·帕特森已经合作出版过几本书了。在此期间，她热情对待每个项目，沉着应对所有问题，善于发现一切美好，凡此种种无不令我心生敬佩。所以，请允许我向她表示感激。"谢谢你，戴比，能和你合作真的很荣幸、很开心。你拍的那些照片真的很美！"同时，我要感谢卡洛琳·瓦斯特。整个过程中，她悉心编辑，热情帮助，耐心指导，为我提供了宝贵的资料，对此，我满怀感激。

我同样要感谢卢安娜·戈博把书中的每一页都设计得如此精彩；感谢克里·刘易斯，把版面排列得如此合理；感谢安娜·加尔金娜，把事情安排得井井有条。当然了，我还要谢谢辛迪·理查兹，授权我这个项目，让我有机会和如此优秀的团队继续合作。

最后，再次感谢我的家人，谢谢劳里、格雷西和贝蒂，没有你们的支持我无法成就任何事情。谢谢，我爱你们。